Viola Fritz

Bedingungen des Mittelmeerklimas für die Kulturlandschaft- und Naturraum (einschl. geographischer Formenwandel)

GRIN Verlag

Bibliografische Information der Deutschen Nationalbibliothek:

Die Deutsche Bibliothek verzeichnet diese Publikation in der Deutschen National-
bibliografie; detaillierte bibliografische Daten sind im Internet über http://dnb.d-
nb.de/ abrufbar.

Impressum:

Copyright © 2003 GRIN Verlag GmbH
Druck und Bindung: Books on Demand GmbH, Norderstedt Germany
ISBN: 978-3-656-43480-1

Dieses Buch bei GRIN:

http://www.grin.com/de/e-book/24276/bedingungen-des-mittelmeerklimas-fuer-
die-kulturlandschaft-und-naturraum

Geographisches Institut - Abteilung für Anthropogeographie

GROSSE EXKURSION SPANIEN

WS 2002 / 2003

Bedingungen des Mittelmeerklimas für die Kulturlandschaft- und Naturraum (einschl. geographischer Formenwandel)

Viola Fritz

Inhaltsverzeichnis:

1. Der Mittelmeerraum

1.1 Lage und Merkmale

Die Gebiete mit mediterranen Klimabedingungen sind auf der Westseite der Kontinente zu finden, ungefähr am 35. Breitengrad. Sie liegen polwärts im Anschluss an die Passat-Wüsten. Das Mittelmeergebiet liegt in der Zone der warmgemäßigten Subtropen und umfasst Teile Südeuropas, Nordafrikas und Vorderasiens.

Karte 1: Der Mittelmeerraum

Geographische Kennzeichen des Mittelmeerraumes:

1. er wird von einem warmen Binnenmeer umschlossen
2. das Festland ist in viele kleine und kleinste Landschaftszellen zersplittert (liegt im alpidischen Faltensystem)
3. einheitliches Gewässersystem, Böden und spezielles Pflanzenkleid (Hartlaubvegetation)
4. Wiege der abendländischen Kultur: gesamter Raum besaß während des „Imperium Romanum" eine einheitliche Verwaltung
5. alte Strukturen behindern den Weg in eine moderne Zeit
6. keine politische territoriale Einheit mehr, was zu zahlreichen Konflikten führt.
7. liegt innerhalb von Europa in der Peripherie.
8. wichtigste und älteste Fremdenverkehrsregion

Bisher wurde die Abgrenzung des Mittelmeerraumes nur von der naturräumlichen Seite betrachtet und die kulturräumliche außen vor gelassen.

Die natürliche Vegetation wurde häufig weitgehend beseitigt, so dass man damit den Raum nicht abgrenzen kann. Somit bleibt nichts anderes übrig, als Kulturpflanzen

heranzuziehen. Besonders geeignet ist der Olivenbaum. M. Rikli hat den Ölbaum nicht nur als den wertvollsten Frucht- und Nutzbaum der Mittelmeerregion, sondern auch als ihre wichtigste Leit- und Charakterpflanze und das Wahrzeichen der mediterranen Küstengebiete.

Für den Ölbaum gelten folgende Klimabedingungen:

- Niederschlag: 300-1000mm
- Luftfeuchte: < 60%
- Temperaturen: max. 40°C
- -7°C darf langfristig nicht unterschritten werden, -17°C darf nie erreicht werden.

Die Ölbaumgrenze hat den Vorteil, dass sie mehr oder weniger genau an der Küste entlang läuft und somit den Mittelmeerraum wörtlich definiert.

1.2 Das Mittelmeer

Das Mittelmeer ist das größte Binnenmeer der Welt (2,5 Mio. km²) und das kleinste interkontinentale Meer. Die West-Ost-Ausdehnung beträgt 3800km. Zum Weltmeer hat es zwei sehr enge Zugänge: die Straße von Gibraltar und den Suezkanal. Der Zugang zum Atlantik ist nur 14km breit und 320m tief, das hat zur Folge, dass der Wasseraustausch nur sehr beschränkt stattfindet. Da der totale Wasseraustausch unmöglich ist, ist die Vertikalstruktur des Wassers anders als beim offenen Ozean: auch in großer Tiefe hat das Wasser noch 12-14°C (Atlantik: 4000m 2°C). Das Mittelmeer ist das größte Wärmereservoir. Der Salzgehalt ist höher als im Atlantik, das schwere, salzhaltige Wasser sinkt ständig ab . Das führt zu Sauerstoffarmut in der Tiefe, die Planktonarmut zur Folge hat – deshalb schimmert das Mittelmeer blau.

2. Das Mittelmeerklima

2.1. Kennzeichen:

Wechselfeuchtes Klima mit Winterregen und Sommertrockenheit (=Winterregenklima)

Sonnenhöchststand und Niederschlagsmaximum fallen nicht zusammen.

➔ mediterrane Subtropen ➔ Übergangsklima

W. Köppen, der sein Mittelmeer- oder Etesienklima durch die Formel Cs wiedergibt, unterscheidet folgende Varianten:

Olivenklima (Csa)   Sommertemperatur > 22°C, küstennaher Bereich

Erikenklima (Csb)   Sommertemperatur < 22°C, Höhenregionen, NW

2.2 Klimagenese, Luftdruck und Winde

H. Flohn (1950) hat das subtropische Klima als ein alternierendes oder heterogenes Klima bezeichnet, weil seine Verbreitungsgebiete weder ganzjährig im Bereich der subtropischen Hochdrucks- und Passatzone, die den äquatorwärts angrenzenden Steppen und Wüsten die große Trockenheit bringt, noch ganzjährig im Bereich der außertropischen Westwindzone liegen, die für das immerfeuchte der polwärts anschließenden kühlgemäßigten Breiten verantwortlich sind. Es wechseln quasi die klimatischen Verhältnisse der trockenen Subtropen und der immerfeuchten kühlgemäßigten Breiten jahreszeitlich ab. Trockene Sommer und feuchte Winter sind durch sehr kurze Übergangsjahreszeiten getrennt.

Die jeweilige Lage der beiden Zirkulationssysteme wird von der Lage der innertropischen Konvergenzzone (ITC) reguliert. Im Sommer wandert die ITC polwärts und das Wetter wird von dem subtropischen Gürtel beeinflusst. Charakteristisch dafür sind absteigende Luftbewegungen, die Wolkendecke löst sich auf, es herrscht strahlungsreiches Wetter mit hohen Temperaturen und großer Trockenheit. Der beständige Hochdruck verhindert zonalen Luftmassenaustausch mit zyklonalen Störungen in den mediterranen Subtropen ebenso wie in den äquatorwärts anschließenden Steppen und Wüsten. Mit dem Rückwärtswandern der ITC zum Äquator gelangen die mediterranen Subtropen im Winter in den Wirkungsbereich der außertropischen Westwindzone. Durch die enge Verzahnung von Land und Meer oder die unmittelbare Nachbarschaft des Meeres bleibt der feuchte Winter aber mild. Es gibt aber auch kurze Schönwetterperioden, die durch das Azorenhoch ausgelöst werden.

Der Winter – Dezember bis Februar – wird von heftigen Starkregen heimgesucht, Schneefall ist oft bis Ende März an den Küstengebieten möglich. Insgesamt aber bleiben die Temperaturen sehr gemäßigt, da auch die südlichen Wetterlagen mit sehr lauer Luft wesentlich am winterlichen Witterungsverlauf beteiligt sind.

Im April, dem eigentlichen Frühling, erfolgt die Umstellung von Sommer auf Winter. Dieser plötzlich, fast übergangslose Wechsel vom Winter zum Sommer ist sehr charakteristisch. Schon Anfang Mai beginnt in der Regel die sommerliche Trockenzeit, wenn das Azorenhoch voll wirksam wird.

Juni bis Oktober steht unter dem Einfluss tropisch-kontinentaler Luftmassen, und sehr selten verschaffen lokale Hitzegewitter Abkühlung. Hohe Durchschnittstemperaturen und viele windstille Hitzetage ohne jeden Niederschlag kennzeichnen vor allem die Monate Juli und August. Ein Wettersturz mit starken Regenfällen tritt regelmäßig Ende September/ Anfang Oktober ein, wenn im nördlichen Mittelmeerraum atlantische Tiefs eindringen und den Herbst einleiten. Bereits im November werden in höheren Lagen große Niederschlagswerte erreicht, doch zwischendurch schalten sich immer wieder Schönwetterperioden ein. (Rother, 1984)

3. Geographischer Formenwandel

Lautensach charakterisiert ein Land oder eine Landmasse durch vier verschiedene Kategorien: den planetarischen, den peripher-zentralen, den hypsometrischen und den westöstlichen Formenwandel. Eine Landschaft zeigt nach Lautensach einen regelhaften Wandel der mit diesen 4 Kategorien bestimmt werden kann. Der planetarische Formenwandel beschreibt die Veränderungen in einem Gebiet von Norden nach Süden und in umgekehrter Richtung. Die Veränderungen eines Raumes von innen nach außen nennt er den peripher-zentrale Formenwandel. Der hypsometrische Formenwandel weist die Veränderungen auf, die in Abhängigkeit von der Höhe auftreten. Der westöstliche Formenwandel erklärt sich von selbst – alle Veränderungen die von Westen nach Osten oder umgekehrt auftreten. Diese 4 Kategorien spielen in der nachfolgende Klimabeschreibung der Iberischen Halbinsel eine wichtige Rolle.

4. Klima

4.1 Temperaturen

Die iberische Halbinsel als extrem peripheres Gebiet in Europa besitzt trotz der massigen Gestalt gewisse Kennzeichen eines maritimen Klimas. Für fast alle Klimastationen auf der Halbinsel ist der August der wärmste Monat, als einzige Ausnahme gelten die östlichen Pyrenäentäler. Auf der Karte 2 erkennt man deutlich die 4 Formenwandelkategorien. Die Biskayaküste besitzt gegen Osten steigende Mittel von 17-20°, die Südküste entsprechende von 19-26°. Daraus ergibt sich eine planetarische Zunahme von 0,53° pro Breitengrad. In peripher-zentraler Richtung nehmen die Temperaturen ebenfalls zu. Das Kap da Roca bei Lissabon besitzt ein Augustmittelwert von nur 18°, weniger als in einigen Stationen am Oberrhein (z.B. Mannheim: 18,8°C). Almadén liegt in gleicher Breite und auf 589m Höhe, diese Binnenstation weist ein Monatsmittel von 26°C im August auf. Diese starke Erhitzung im Landesinneren ist eine Folge des Azorenhochs mit der starken Einstrahlung und der Wolkenlosigkeit. Das Azorenhoch ist ein Hoch mit Kern in der Nähe der Azoren (eine portugiesische Inselgruppe). Es gehört zum subtropischen Hochdruckgürtel. Des weiteren ist eine Temperaturabnahme in der Höhe festzustellen. Die altkastillische Meseta besitzt 17-21°C, die neukastillische 22-26°C und das Ebrobecken 20-24°C. Erst die Gebirge, die die Meseten überragen ist die höhenbedingte Temperaturabnahme bemerkbar. Besonders auffällig sind die hohen Durchschnittstemperaturen von Niederandalusien und der oberen portugiesischen Dourostrecke, des Portweinlandes Alto Douro. Dort liegen die Mitteltemperaturen um rund 10°C höher als an der Atlanktikküste bei Kap St. Vinzenz, dies ist auf die Föhnwirkung zurückzuführen.

Die Januartemperaturen liegen in den Zentrallandschaften wesentlich niedriger als in der Peripherie. Im Gegensatz zum August kommt der peripher-zentrale und der Höhenwandel zu gleichsinniger Interferenz. Das innere der Halbinsel wird nun sehr stark abgekühlt. Das Kap da Roca misst jetzt 11,1°C, Almadén 6,4°C. Argamasilla, das in gleicher Breite, aber auf 671m Höhe liegt, misst nun nur noch 3,7°C im Januarmittel. Denia an der Mittelmeerküste misst dagegen 12,4°C. In Altkastillen wurde eine Durchschnittstemperatur von 3-4°C ermittelt, in Neukastillen eine von 4-5°C. Dieses Ergebnis deckt sich mit dem planetarischen Wandel. Der planetarische

Anstieg der Temperatur beträgt 0,5°C je Breitengrad und ist somit etwas kleiner als der im August. Das liegt daran, dass im Januar die gesamte iberische Halbinsel im gleichen Klimagürtel, dem der außertropischen Westwinde, liegt. Im August gilt das nur für den nördlichen Teil der Insel, der Hauptteil der Insel gehört dann dem strahlungsreichen und wolkenarmen Gürtel des Urpassats an. Monatsmittel unter 0°C findet man in Spanien kaum, da es an Höhen- und Gipfelstationen fehlt. *Im Gegensatz zu Mitteleuropa ist der Höhengradient der Temperatur in den Gebirgen der südlichen Peripherie der Halbinsel im Winter etwas höher als im Sommer.*" (Lautensach, 1967, S. 47). Für die Sierra Nevada zum Beispiel gilt im Januar ein Wert von 0,73°C/100m und im August 0,63°C/100m. Das innere und der Norden der Halbinsel weist Temperaturen wie in Mitteleuropa auf. *„Das unterschiedliche Verhalten der südlichen Peripherie ist darauf zurückzuführen, dass die Höhenstationen im Sommer dort bei mangelndem Vertikalaustausch der Luftschichten durch die direkte Einstrahlung sehr stark erwärmt werden., während im Winter die kräftige Luftbewegung zu ständiger adiabatischer Abkühlung der aufsteigenden Luftmassen führt."* (Lautensach, 1967, S. 47) Diese Tatsachen müssen bei den Jahresamplituden berücksichtigt werden. Hier kommt der Gegensatz zwischen Peripherie und Zentralgebieten stark zum Ausdruck. In den Zentralgebieten liegen die Jahresamplituden sehr hoch, was dem Inneren der Insel einen kontinentalen Klimazug verleiht. Die geringsten Werte weist die Westküste von Südportugal auf: Kap St. Vinzenz 6,2°C. Sie steht im Sommer unter dem Einfluss der Nortada, im Winter unter den lauen atlantischen Westwinden.

Der Jahresgang der Monatsmittelwerte der Temperatur besitzt überall auf der iberischen Halbinsel einen außertropischen Charakter, d.h. es gibt ein Maxima im August und ein Minima im Januar. Die Jahreskurven fallen steiler ab, als sie im Januar wieder ansteigen. Die mittleren periodischen Tagesschwankungen sind im *„Winter kleiner als im Sommer, im Norden kleiner als im Süden, in den peripheren Landschaften kleiner als in den zentralen, im Westsaum kleiner als im Ostsaum."* (Lautensach, 1967, S. 48). Am Kap St. Vinzenz beträgt diese Schwankung im Januar nur 3,9°C, dagegen im August in der Sierra de Cazorla 22,3°C. Frostmonate treten im Winter in den nördlichen Randgebirgssäumen auf, z.B. Viella an der obersten Garonne zählt 4 Frostmonate. Vereinzelte Frostmonate kommen auch auf

der alt- und neukastillischen Hochfläche und dem Ebrobecken vor. Das Gebiet, das nie von Frost betroffen wurde ist äußerst klein und beschränkt sich auf Menorca, die Pityusen und einem ganz schmalen Küstenstreifen des südlichen Drittels der Halbinsel (vom Kap Palos bis zum Kap da Roca). Die niedrigste Temperatur, die je auf der Halbinsel gemessen wurde liegt bei –28,2°C im Januar 1952 in Molina de Aragon (1056m). Die höchste wurde in Pantano de Guadalmellato bei Cordoba mit 52°C im August 1916 gemessen.

4.2 Niederschläge

Die Verteilung der Jahressummen der Niederschläge setzt sich aus Interferenzen dieser 5 Teilaspekte zusammen:

a) Zunahme von Süden nach Norden:

An der Westseite der Kontinente in den subtropischen Breiten ist immer eine Zunahme von Süden nach Norden zu beobachten. Das niederschlagslose Azorenhoch beherrscht den Süden der Halbinsel während eines längeren Jahresabschnitts als den Norden. Im Norden hat das Azorenhoch nur Auswirkungen auf den Juli und August, manchmal fehlen seine Auswirkungen sogar ganz. Beispiele: An der Südküste betragen die Niederschlagshöhen der Jahressummen 350-500mm und an der Biskayaküste 800-1600mm.

b) Im Ostsaum kleiner als im Westsaum

Der Westsaum wird von den kräftigen atlantischen Zyklonen viel häufiger und stärker beherrscht als der Ostsaum. Die mediterranen Tiefs gleichen das nicht aus, so dass die Niederschläge im Ostsaum kleiner als im Westsaum sind. Beispiele: Oviedo im Westen 971mm und Valencia im Osten 480mm.[1]

c) Zunahme mit der Meereshöhe

„Die Isohyetenkarte spiegelt also wie die Karten der unreduzierten Monatstemperaturen bis zu einem gewissen Grade die Isohypsenkarte wider. Denn bei Frontenwetter kommt an den Gebirgsaufstiegen zu der dynamischen die orographische Hebung, und bei Luftmassenwetter kann schon allein die letztere zur Ausscheidung von Niederschlag führen. Das gilt besonders vom biskayischen Saum.“ (Lautensach 1967, S. 49)

d) Zunahme vom Innern der Halbinsel nach Außen

---

[1] Werte entnommen aus: http://www.klimadiagramme.de/Europa/spanien.html

Das Innere der Halbinsel steht im Winter oft unter dem Einfluss eines Bodenhochs, das das Eindringen niederschlagsspendender Fronten verhindert. Fronten, die ins Landesinnere eindringen haben eine geringere Niederschlagstätigkeit je weiter sie von der Küste entfernt sind (das gilt für jede Jahreszeit).

e) Geringe NN im Lee und in Becken

Dies hängt mit Luftströmungen, die einen Föhncharakter haben, zusammen. Beispiel des Alto Douro: hinter sperrigen Gebirgen fällt ein Jahresniederschlag von unter 500mm und an der Mündung des Douro wurden Niederschläge bis zu 1377mm gemessen.

Durch die Interferenzen von a)-d) ist der Nordwesten der iberischen Halbinsel das niederschlagreichste Gebiet. Beispiel: La Coruna 988mm, San Sebastion 1581mm, Vigo 1952mm. Zum Vergleich: Mannheim 669mm im Jahr[2]. Lautensach schreibt über das Gebiet von Alicante bis Adra: *„Neben dem wärmsten und verdunstungsstärksten Meer Europas liegt ohne jeden Zusammenhang sein trockenster Landstrich"* (Lautensach 1967, S. 50). Das Zusammenwirken der Regeln a)-c) in negativer Weise und das Abschirmen der Betischen Kordillere bewirkt, dass der Küstensaum von Alicante über Almeria bis Adra zum Niederschlagsärmsten Gebiet der iberischen Halbinsel wird. Beispiele: Almeria 215mm, Murcia 328mm, Valencia 480mm). Die Regeln d) und e) interferieren in den Becken des Landesinneren. Im Kern des Ebrobeckens ist der Jahresniederschlag unter 300mm, um Zamora (Altkastillen) sogar unter 250mm. Ein langgestrecktes Gebiet unter 400mm befindet sich in Neukastillen zwischen Toledo und Castillo de Mudela (Sierra Morena), (Vgl. Karte 3). Eine Gemeinsamkeit besitzen alle Klimastationen der iberischen Halbinsel: in Jahresgang der Niederschlagshöhe besitzen alle im Juli und August ein Niederschlagsminimum. Als Trockenmonat bezeichnet Lautensach einen Monat mit einer Niederschlagsmenge unter 30mm, da die künstliche Bewässerung von Feldgewächsen da einsetzt, wo dieser Betrag im Juli und/oder August unterschritten wird. Dieses Gebiet wird Sommertrockenes Iberien (St) genannt im Gegensatz zum Immerfeuchten Iberien (If). Die Grenze zwischen diesen beiden Gebieten zieht sich vom Südfuß der Pyrenäen entlang der nördlichen Gebirgsmauer und endet im

---

[2] Werte entnommen aus: http://www.klimadiagramme.de/Europa/spanien.html

Westen am Kap Finisterre. Im großen und ganzen nimmt die Zahl der Trockenmonate nach Süden hin zu. Das liegt daran, wie schon mehrfach erwähnt, dass die Vorherrschaft des Azorenhoch umso länger dauert, je weiter man nach Süden kommt. Klimastationen im Immerfeuchten Iberien (Camprodon, Benasque, Oviedo, Santiago) weisen keine Trockenmonate auf. Barcelona besitzt einen Trockenmonat, Valencia drei, Sevilla fünf, Murcia acht und Almeria elf Trockenmonate. Es gibt lediglich reliefbedingte Ausnahmen, ansonsten gibt es eine stetige Zunahme der Trockenmonate in Richtung Süden. In dem Gürtel zwischen Alicante und Adra kommen zu den 4-6 sommerlichen Trockenmonaten auch noch winterliche. In Almeria zum Beispiel hat nur der November mehr als 30mm Niederschlag. Dieser schmale Gürtel wird als fast immer trocken bezeichnet (It). Daraus ergibt sich eine Phasengliederung im Sinne des planetarischen Formenwandels: If, St1, St2, St3[3] und It.

4.3 Schneefall und Schneedecke, Gletscher

Nicht nur auf der Nordhälfte der Halbinsel, die vom mitteleuropäischen Klima geprägt ist, spielt Schnee eine große Rolle. Es gibt auf der Insel keinen Punkt, an dem es im Laufe der Jahre nicht geschneit hat, selbst in den ganz niedrigen Lagen. Natürlich ist es in den meisten Gebieten eine Seltenheit, so dass die Bewohner Lissabons am 19.02.1781 dachten, es sei das Ende der Welt gekommen, als es schneite. Und das, obwohl auf dem benachbarten Monte Junto (666m) von den Mönchen Eis und Schnee in Gruben gesammelt wurde, um sie im Sommer für Kühlzwecke nach Lissabon zu liefern. Die Schneefallhäufigkeit auf der Halbinsel lässt sich wie folgt beschreiben: Zunahme von Süden nach Norden (planetarischer Formenwandel), von der Peripherie gegen das Innere (peripher-zentraler Formenwandel), von Westen nach Osten (westöstlicher Formenwandel) und von unten nach oben (hypsographischer Formenwandel). Die höheren Gebirge haben im Durchschnitt mehr als 50 Tage des Jahres Schneefall. Der schneefallreichste Ort ist Cofinal (1080m, Picos de Europa) mit 65,1 Tagen. Im Hauptscheidegebirge, den Pyrenäen, den Picos de Europa und der Sierra Nevada werden bis zu 90-120 Schneefalltage im Jahr vermutet. Januar und Februar sind normalerweise die Monate mit den häufigsten Schneefällen. Der März steht in den meisten Klimagebieten an zweiter, in

---

[3] St1 = 1-2 Trockenmonate, St2 = 3-4 Trockenmonate, St3 = 5-6 Trockenmonate

Westspanien sogar an erster Stelle. An der nördlichen Ostküste und auf den Balearen nimmt der Dezember den zweiten Platz ein. Selbst im Mai kann es in mittleren Höhenlagen noch zu Schneefall kommen.

Wenn man die Anzahl der Schneefalltage und der Schneedeckentage vergleicht, fällt folgendes auf: das iberische Randgebiet besitzt Schneefalltage, aber bleibt an vielen Stellen ohne Schneedecke. Das liegt daran, dass nicht jeder Schneefall zu einer Schneedecke führt. Die Zunahme der Schneedeckentage kann wie folgt beschrieben werden: von Süden nach Norden, von der Peripherie nach innen und von unten nach oben. In Spanien weisen schon einige topographische Namen auf die Gebiete mit einer großen Anzahl von Schneedeckentagen[4] hin: Sierra Nevada – verschneites Gebirge, Nuestra Senora de las Nieves – Kappelle unserer lieben Frau im Schnee. Die Nordseite des Kammes der Picos de Europa und der Sierra Nevada liegen sogar über der orographischen Schneegrenze, so dass hier perennierende Schneeflecken existieren. Allerdings reichen nur einige Gipfel der Pyrenäen (über 3000m) über die klimatische Schneegrenze und besitzen damit lebende Gletscher. (Vgl. Karte 4).

4.4 Relative Feuchte, Calina, Schwüle

Die Niederschlagsarmut im Sommer ist im Innern der Halbinsel mit hoher Erhitzung der Bodenluft und daher mit einer sehr geringen Relativfeuchte verknüpft. Die Durchschnittswerte nehmen vom Inneren zu den Küsten im Hochsommer kräftig zu. Sogar im fastimmertrockenen Südosten der Halbinsel werden relativ hohe Werte erreicht durch die Seebrise in den Küstenorten. In Almeria stellt man im August eine Relative Feuchte von 68% fest. Die Jahresamplitude der Relativen Feuchte nimmt von den Küsten ins Landesinnere zu. Die Halbinsel kann in 3 verschiedene Typen gegliedert werden: Feuchttyp F mit Jahreswerten über 70%, Trockentyp T mit Jahreswerten unter 65% und der Mitteltyp M mit Werten von 65-70%. Die feuchten Stationen bilden einen äußeren maritimen Ring. Das Gebiet der trockenen Stationen ist unter dem Einfluss der trockenen und südlichen Wirkungen in die Südhälfte der Insel verschoben. Die beiden Großgebiete werden durch einen Ring von M-Stationen getrennt.

Jessen beschreibt eine ungewöhnliche Erscheinung in Spanien: *„Bis etwa 30° Erhebung über dem Horizont ist die Atmosphäre durch feine Staubteilchen getrübt.*

---

[4] in Gebirgen, die höher als 2000m sind, gibt es Gebiete mit mehr als 200 Schneedeckentagen.

Über uns aber wölbt sich der wolkenlose, strahlfarbene Himmel wie eine Metallglocke." (Jessen, S.161) Er spricht von der sogenannten „Calina". Die hochgradige Austrocknung und Erhitzung des Bodens führt während der Sommermonate in den Zentrallandschaften zu einem trockenen Staubdunst, der durch die fehlende horizontale Luftbewegung entsteht. Die vom absolut trockenen Boden aufsteigende Luft trägt Staubteilchen mit in die Höhe. Am Häufigsten kommt die Calina in den Sommermonaten Juli und August vor.

Schwüle Zonen auf der Iberischen Halbinsel findet man vor allem in den südlichen und östlichen Randgebieten und in kleinen Teilen des Landesinneren.

4.5 Bewölkung, Nebel und Sonnenschein

Das Maximum der wolkenlosen Tage liegt überall im Juli oder im August. Wobei die Maximalzahl planetarisch von Norden nach Süden zunimmt. Die Zahl der bedeckten Tage weist in diesen Sommermonaten ihr Minimum auf. Das Maximum der bedeckten Tage fällt auf die Monate des Niederschlagsmaximums. Im Immerfeuchten Iberien, Portugal und dem Süden Spaniens auf einen Wintermonat, im Innern und im Osten auf einen Herbst- oder Frühlingsmonat. Im Immerfeuchten Iberien ist die Zahl der bedeckten Tage des Jahres wesentlich größer als die der wolkenlosen.

Bei den Nebeltagen unterscheidet man den Land- und den Seenebel. Der Landnebel bildet sich bei unterschiedlicher Boden- und Lufttemperatur. Das ist meistens nachts im Winter der Fall. Maximum der Nebeltage liegt meistens im Dezember oder Januar. Der Seenebel entsteht, wenn über kühleres Wasser wärmere Luft gelangt. Im August beobachtet man sehr häufig die Maxima der Seenebel und durch die häufigen Seebrisen im Sommer werden die Nebelschichten bis zu 50km weit ins Binnenland getragen. Im Vergleich zur Westküste ist die Ostküste sehr nebelarm, denn die Wassertemperaturen im August liegen ca. 5° höher als die der Westküste und gleichen somit ungefähr den Lufttemperaturen. Die Nordküste ähnelt der Westküste und die Südküste dagegen der Ostküste.

Über die Sonnenscheindauer im Januar und im Juli lässt sich feststellen: Die West- und die Ostsäume sind im Januar in jeder Breite sonnenscheinärmer als das Innere. Im Juli ist es umgekehrt, wegen der starken Nebelhäufigkeit im Inneren der

Halbinsel. Die Sonnenscheindauer nimmt von Norden nach Süden zu und ist im Januar im allgemeinen geringer als im Juli.

4.6 Humidität und Aridität

Die Verdunstung stellt neben Temperatur und Niederschlag ein wichtiges Klimaelement dar. Unter potentieller Verdunstung versteht man die Wassermenge, die verbraucht wird, wenn im Boden genügend Speicherwasser vorhanden ist. Wenn die Niederschlagsmenge unter den Betrag der potentiellen Verdunstung sinkt, so verdunstet das Speicherwasser nach und nach. Dies ist dann der Betrag der aktuellen Verdunstung. Wenn die aktuelle Verdunstung die potentielle Verdunstung um 25mm unterschreitet, spricht man von arid. Je weiter man nach Süden geht, umso geringer wird der Niederschlag und größer das Maximum der potentiellen Verdunstung. In den Stationen des immerfeuchten Iberiens gibt es keine ariden Monate, dieses Gebiet ist also vollhumid. Die Anzahl der humiden Monate ist im Westsaum geringer als im Ostsaum. In Innern ist sie klein in den Gebirgen und groß in den Becken. Gebiete ohne Wasserüberschuss, d.h. mit einer hohen Zahl arider Monate werden als semiarid bzw. im äußersten Südosten als extremsemiarid bezeichnet. (Vgl Karte 2).

5. Klimatische Gliederung der Iberischen Halbinsel

5.1 Immerfeuchtes Iberien If (nördliche Peripherie):

- Das ganze Jahr über unter der Wirkung atlantischer Fronten.
- Auch die Lagen I bringen Bewölkung oder sogar Regen.
- Alle Monate sind vollhumid
- das Hauptminimum des Niederschlaggangs ist im Sommer
- Mit Ausnahme der intramontanen Becken sehr hohe Jahresbeträge (900-2400mm), selbst in den geringen Höhen.
- Die Winter sind ozeanisch mild und die Sommer kühl.
- Relative Feuchte und Bewölkungsgrad stets groß.
- Relative Sonnenscheindauer in jedem Monat klein
- Meist große Zahl von Schneefall- und Schneedeckentagen.

5.2 Sommertrockenes Iberien St

- Mindestens der Juli und der August sind arid

5.2.1 Zentralgebiete

- Kühle oder kalte, trockene, wolkenarme Winter
- Sonnenscheinreiche, heiße, trockene Sommer
- Große Tagesschwankung der Temperatur im Sommer

5.2.2 Periphere Gebiete

- Geringere Jahresschwankung der Temperatur als in den Zentralgebieten
- Große Relative Feuchte
- Niederschlagshöhe größer als in den Zentralgebieten

5.2.2.1 westliche Peripherie

- Sehr geringe Jahresschwankung der Temperatur
- Große Niederschlagsmengen mit Maximum im Winter
- Zahl der ariden Monate wächst von Süd nach Nord

5.2.2.2 östliche Peripherie

- Temperaturgang extremer als in der westlichen Peripherie
- Hauptniederschläge im Frühherbst und Frühling
- Jahreshöhen der Niederschläge viel geringer als im Westsaum
- Sehr wenig Nebel

5.2.2.3 südliche und südöstliche Peripherie

- Niederschlagshöhen nehmen gegen Osten sehr stark ab, besonders in der Betischen Kordillere

5.3 Fastimmertrockenes Iberien It

- Trockenster Teil der Halbinsel (von Alicante bis Adra)
- Durchschnittstemperaturen im Januar liegen bei 11-12°C
- Mittleren Augusttemperaturen liegen bei 25-26°C
- Verdunstung ist höher als der Niederschlag ➔ extrem semiaride Gegend

(Vgl. Karte 5)

6. Klimatische Aspekte entlang unserer Route

Nachfolgend wird stichpunktartig das Klima Spaniens anhand der einzelnen Stationen unserer Route erläutert werden.

19.03.03: Montpellier – Sète – Lloret de Mar – Barcelona

s.u.

20.03.03: Barcelona

s.u.

21.03,03: Barcelona und Umland

Katalonien: Sommertrockenes Iberien

- Klima weist mediterran-periphere und nördliche Züge auf
- Verglichen mit den Gebieten auf gleicher Breite (Südwestgalicien, vorderes Hochportugal) besitzt Katalonien:
  wärmere Sommer, aber kühlere Winter → **größere Jahresschwankung** der Temperatur.
  August: 25-25°C   Januar: 9-11°C
  → 14-15°C Jahresschwankung der Temperatur → nimmt gegen das Innere noch stärker zu.
- **Jahresniederschlagshöhen und Niederschlagstage sind bedeutend geringer** als in Hochportugal (Barcelona: ca. 600mm)
  → Maximum im Frühjahr und im Herbst
  → trockenster Monat: Januar.
- Etwas **größere Schneedeckenhäufigkeit und mehr Frosttage** im Vergleich zu Hochportugal.
- Geringe Bewölkung und Nebelarmut
- Das katalonische Klima leidet unter **verschiedenen Katastrophen**:
  → extreme Trockenheit (bei Andauern des Azorenhochs)
  → starke Überschwemmungen (Andauern der Tiefs)

22.03.04 Barcelona – Salou – Sant Jaume d'Enveja – Valencia

S.O.

23.03.03 Valencia – Denia – Benidorm

Standort 3: Gandia/Villalonga

- Jahresniederschlagshöhen liegen an der Küste unter 500mm, manchmal sogar unter 400mm.
- Die Ausläufer des Iberischen Randgebirges empfangen genügend NN: 800mm. In dem kalkigen Boden versickert das Wasser und tritt in Küstennähe in Form von Karstquellen wieder auf.
- Nach sehr heftigen Gewittern im Oktober und November gibt es auch häufig Überschwemmungen
- Versumpft-sandige Küstenniederung
- Villalonga liegt am Fuße des Gebirges La Safor ➜ viel NN (800mm)
- Villalonga selbst hat wesentlich weniger NN und ist deshalb sonnig.
- Die Kombination ist für Zitrusanbau ideal: Wasser steht aus Quellen und aus dem Fluss zur Verfügung und die Sonne scheint trotzdem genügend.

Standort 6: Murcia

- Zählt zu den trockensten Gebieten auf der iberischen Halbinsel
- Küstensaum von Alicante bis Adra (300km lang und bis zu 60km breit)
- Die Betische Kordillere schaltet die atlantischen Einflüsse völlig aus
- Das Balearentief wirkt sich durch die schlechte Lage auch nicht groß auf das Klima aus.
- Fast alle Niederschlagshöhen in diesem Küstensaum liegen bei oder unter 300mm.
- Murcia: 328mm
- In den Gebirgen: bis zu 800mm

Standort 8: Cabo de Gata

- Ist die niederschlagsärmste Station Europas
- Cabo de Gata: 128mm im Jahr

- Es kann vorkommen, dass es 5 Jahre hintereinander keinen NN gibt →Cabo de Gata = Vorposten der Wüste
- Im Mittelalter gab es dort noch Wälder und noch vor 50 Jahren gab es dort genug Regen um die Wasserbecken zu füllen. Heute ist alles trocken und viele Bauern haben ihre Höfe verlassen.
- Beispiel: Huebro

24.03.03 Almeria – Roquetas de Mar – El Ejido – Berja – Canjayar – Abla – Guadix – Granada

Andalusien:
- Ist eine sehr trockene und die heißeste Region auf der Halbinsel: die Jahresniederschläge nehmen von West nach Ost ab.
- Almeria: 215mm (Vgl. Karte 7) an 49 NN-Tagen
- Sonne scheint dort im Jahresmittel 3022 Stunden
- Wirtschaftlich bedeutsam durch den Jahresgang des Klimas: mediterranes Klima: im Sommer ist es trocken, im Winter regnet es.
  → Flussläufe führen nur im Winter Wasser. Im Sommer dienen die „Ramblas" als Wege.
- Im Sommer ist die Verdunstung höher als der NN, gerade während der Hauptwachstumsperiode der Pflanzen. Deshalb eignen sich nur bestimmte Kulturpflanzen und Anbaumethoden für den Trockenfeldbau
- Die meisten Kulturpflanzen benötigen während des Sommers zusätzliche Wasserzufuhren (z.B.: aus Grundwasservorräten oder aus größeren, ganzjährig fließenden Flüssen).
- Die Regenpause im Sommer lockt allerdings die Badetouristen an. Die extremen Sommertemperaturen werden am Meer wieder ausgeglichen und liegen in Almeria im Sommer bei 25°C.
- Die milden Wintertemperaturen sind nicht nur für die Touristen verlockend, sondern auch für die Landwirtschaft. Es kann beispielsweise Wintergemüse angebaut werden ohne künstliche Energiezufuhr → beste Absatzchancen für den europäischen Binnenmarkt.

- Roquetas de Mar wurde auf dem Reißbrett entworfen (1945).
  Als die Häuser und die Infrastruktur fertig waren, wurden die Bewohner aus
  den umliegenden Bergdörfern „gekauft". Expertenteams untersuchten den
  Boden und entwickelten ertragssichere Kombinationen von Kulturen und
  Boden:
  10cm Dung, Mist und organische Substanzen auf 20cm Sand.
  Der Sand hat 2 Vorteile: er filtert das Wasser, so dass auch salzhaltigeres
  Wasser verwendet werden kann und er macht den Anbau im Winter durch
  seinen Temperaturenschutz möglich.
- Die Nachfrage steigt aus Europa ständig (durch Änderung der
  Eßgewohnheiten). ➔ das macht Roquetas de Mar zu eine der reichsten
  Gegenden Spaniens (2. höchste pro Kopf Einkommen Spaniens).
- Später kam zur Landwirtschaft der Tourismus hinzu und es entstand der
  Konflikt zwischen Wasser und Sand:
  ➔ Wo ist das Wasser ökonomischer eingesetzt: LWS oder Tourismus?
  ➔ Wie werden die Flächen verteilt?
  ➔ Soll der Sand für die Touristen am Strand bleiben oder für den Anbau
  verwendet werden?
- Eine Lösung wären Meerwasserentsalzungsanlagen, die den Sand bei dem
  Anbau überflüssig machen würden.

<u>Sierra Nevada:</u>
- 4.3 Schneefall und Schneedecke
- Sierra Nevada = verschneites Gebirge
- Sierra Nevada trägt die südlichsten sicher nachweisbaren Glazialspuren der
  Halbinsel.
- Talgletscher bis 6km Länge fallen auf der Westhälfte in Richtung Norden ab
- Auf hohen Stufen hat die Vergletscherung kleine Seen hinterlassen.
- Vereisung der flachen Südseite war natürlich spärlicher
- Erosionsformen sind im Normalfall schlecht entwickelt ➔ wegen weichem
  Gestein
- Schneegrenze Norden: 2400-2500m, Süden: 2600-2700m

25./26.03.03: Granada – Cordoba – Sevilla

Granada:

- Klimatischen Verhältnisse von Hochandalusien zeigen modellhaft alle 4 Formwandelkategorien
- Abnahme der Niederschläge in atlantisch-levantischer Richtung: Gebirge im Norden und Westen empfangen Steigungsregen (1500mm im Durchschnitt9
- Je höher, desto mehr NN: hypsometrischer Formenwandel
- Auch auf den NN-reichen Stationen ist im Sommer ziemlich trocken, da er vom Azorenhoch beherrscht wird.
- Zahl der Trockenmonate (<30mm) steigen von 2-5 von Westen nach Osten
- Granada: 3
- Absolut trockene Sommer sind die heißesten der Insel (neben Murcia und Niederandalusien).
- Granada besitzt trotz 690m Höhe ein Augustmittel von 25,3°C
- Die Winter sind an der Küste überaus milde: Cabo Calaburras 14,2°C
- Infolge des Einflusses der Höhe und besonders der kontinentalen Wirkung der Meseta besitzt das weite Innere im Januar aber Temperaturen von weniger als 7°C (Granada: 6,7°C)

27./28.03.03 Sevilla – Jerez – Cadiz

Sevilla: Niederandalusien

- Mediterranklima in reinster Ausprägung
- Sommer sind die heißesten der Insel
- Orte im Inneren liegen an der 28°C Isotherme.
- Höchster gemessener Wert: 52°C
- Cadiz: Januarmittel von 12,4°C
- Frühester Beginn der Mandelblüte und der Winterweizenernte auf der Insel
- Jahresamplitude der mittleren Monatstemperaturen nehmen von der Küste (Cadiz 12,7°C) gegen das Ostende Andalusiens (Baeza 19,8°C) stark zu.
- Zahl der Trockenmonate nimmt von Nordosten nach Südwesten von 3 auf 5 zu.

- Niederschläge liegen um 500mm (Sevilla 607mm)

29.03.03 Sevilla – El Rocio – Jerez de los Caballeros – Badajoz – Caceres

Jerez de los Caballeros (Extremadura):

30.03.03 Caceres – Salamanca – Avila

Nordmeseta:
- Wegen der hohen und nördlichen Lage, sowie der Abschließung der Meere durch Randgebirge gehört die Nordmeseta klimatisch zu den ausgesprochen ungünstigen Landschaften der Halbinsel
- Später Termin der Mandelblüte und der Winterweizenernte.
- Januarmittel bei 1°C
- Salamanca: 3,7°C (größere Beeinflussung durch Atlantischen Ozean).
- Frosttemperaturen können einen großen Teil des Jahres über auftreten.
- In Avila sind nur Juli und August stets frostfrei
- Der Hochsommer unter dem Einfluss der feuchten ozeanischen Luft kühl, erfährt aber im Innern unter dem Einfluss der hohen Sonnenscheindauer eine sehr starke kontinentale Erwärmung.
- Mittleren Maximaltemperaturen des Augustes liegen auf der Nordmeseta bei 26-29°C.
- Jahresschwankung wächst von 15°Cim Nordwesten auf 20°C im Südosten.
- Frühling bei Salamanca: 8.2-15.5 (97 Tage), Sommer 16.5-10.10 (148 Tage), Herbst 11.10-13.12 (64 Tage), Winter 14.12-7.2 (56 Tage). ➔ sehr starke Kontinentalität
- Niederschlagshöhen sind relativ gering (meist unter 400mm)
- Max. im Frühling und Herbst
- Im Sommer: Trockenmonate 2-4 ➔ semiaride Wasserbilanz.
- Geringe Zahl von Schneefall- und Schneedeckentagen

31.03.03 Avila – Segovia – Soria

Segovia s. Nordmeseta

01.04.03 Soria – Zaragoza – Lleida/Lerida

Zaragoza:

- Lage: auf der Niederterasse des Ebro, dicht oberhalb der Mündung des Rio Huerva

Lerida:

- Gehört schon zum katalanisch sprechenden Teil des Ebrobeckens ➜ sommertrockenes Iberien
- Zentralräume: großflächige Hochfläche der Meseta umgeben von den „zentralen Gebirgslandschaften" ➜ das Mediterranklima erhält dadurch kontinentale Züge:
  * winterliches Hoch
  * sommerliches Tief
  * Gegensätzlichkeit der Sommer- und Wintertemperatur
  * Dürftigkeit der Jahresniederschläge (fast nur im Frühling und Herbst).
  * große relative Sonnenscheindauer
  * geringe relative Feuchte
  * große Durchsichtigkeit der Atmosphäre
  * satte Farben des Himmels am Morgen und Abend
  * große Zahl an ariden Monaten
  * weite Verbreitung des semiariden Typus und der abflusslosen Gebiete.

Ebrobecken:

- Das stärkste Kontinentalklima auf der Halbinsel
- Jahresniederschläge: <300mm, gegen die Ränder nehmen die NN zu.
- Winterliche Trockenmonate (nur Mai, September und Oktober >30mm)
- Große Jahresschwankung der Monatstemperaturen:
  Max: 30-32°C   Min: 3-5°C
  aride Monate:3-5

Unregelmäßigkeit des Niederschlagscharakters führt zu Schwierigkeiten im Trockenfeldbau.

7. Beispiele mit klimatischen Besonderheiten in Spanien

7.1 Land Alicante bis Adra

Der Küstensaum von Alicante bis Adra ist 300km lang und bis zu maximal 60km breit. Dieses Gebiet hebt sich auf der Karte der Jahresniederschlagshöhen von den anderen ab: es zählt zu den trockensten Gebieten der Iberischen Halbinsel. Die Betische Kordillere schaltet die atlantischen Einflüsse völlig aus und das Balearentief wirkt sich durch die schlechte Lage auch nicht groß auf das Klima aus. Wenn man die Klimadiagramme in diesem Küstensaum vergleicht, fällt auf, dass fast alle Niederschlagshöhen bei oder unter 300mm liegen. Beispiele: Almeria 215mm, Murcia 328mm und in Alicante 355mm[5]. In den Gebirgen an diesem Küstensaum steigen die Niederschläge bis zu 800mm. Am niedrigsten sind sie auf den vorspringenden Kaps und der Insel Alborán. Die niederschlagärmste Station Europas ist das Cabo de Gata mit 128mm Niederschlag im Jahr. In dieser Gegend kann es vorkommen, dass es 5 Jahre hintereinander keinen Niederschlag gibt. Deshalb gilt das Cabo de Gata als Vorposten der Wüste in Europa. Im Mittelalter gab es dort noch Wälder und noch vor 50 Jahren gab es dort genug Regen um die Wasserbecken zu füllen. Heute ist alles trocken und viele Bauern haben ihre Höfe verlassen[6].

7.1.1 Huebro – ein kleines Dorf im Cabo de Gata

In dem Bericht über ein kleines Dorf von der TU in Berlin werden die Probleme dieser Gegend aufgezeigt:

"Huebro ist ein kleines Dorf in der Nähe von Nijar, welches mitten im aridesten Gebiet der Mittelmeerküste mit einem Niederschlag von weniger als 200 mm / a liegt. Die karge Hügellandschaft der Gegend setzt sich aus drei verschiedenen Gesteinsschichten zusammen (Glimmer, Schiefer und Karst), die dazu führen, dass Niederschlagswasser, welches durch die Karstschicht sickert an Phyllitschichten entlang abfließt und irgendwo als Quelle wieder an die Oberfläche tritt. Um solche

---

[5] Werte entnommen aus: http://www.klimadiagramme.de/Europa/spanien.html, vgl. auch Anhang Karte 6 und 7.
[6] www.wasser-macht-schule.de/pub/f18-durstige_erde/ information/seite6.htm

Quellen herum haben sich früher Dörfer an die Hänge geschmiegt und seit ca. 2000 vor Chr. wurde dort Subsistenzlandwirtschaft betrieben. Die Hochzeit der Bewirtschaftung war im Mittelalter unter maurischem Einfluß. Damals reichte eine Parzelle (ca. 25x100m) für die Versorgung einer Familie (gemischt bepflanzt), Dünger kam aus der Kleintierhaltung, es gab Mühlen zur Getreideverarbeitung und Seidenherstellung und -handel blühte nebenher. Die Wasserversorgung erfolgte über die Quellen und das Auffangen von Oberflächenwasser durch Terrassen, die gleichzeitig wunderbar als Erosionsschutz funktionierten. Das Wasser wurde in Auffangbecken gespeichert und diente zur Trinkwasserversorgung, zur Bewässerung und zur Energiegewinnung (bedingt durch Gefälle). Was die Niederschläge zu der Zeit begünstigte war das frühere Vorhandensein von offenen Wäldern (Eiche, Kiefer und eine Zypressenart), die durch ihre Evapotranspiration im Mikroklimabereich das Wasser in kleineren Kreisläufen gehalten haben. (Heute gibt es diese Wälder nicht mehr, wodurch die nicht zu übersehende Bodendegradation unaufhaltsam voran schritt. Seit ca. 25 Jahren gibt es Aufforstungsversuche mit teilweisen Erfolgen. Oft wird jedoch zu dicht aufgeforstet, was aufgrund der hohen Ansammlung von organischer Masse in Verbindung mit der Evapotranspiration zu Wasserverlusten, der Absenkung des Grundwasserspiegels und der daraus resultierenden Austrocknung der Landschaft führt. Großklimatisch hat sich jedoch in der Gegend im Vergleich zur Römerzeit nichts wirklich verändert). Im 17. und 18. Jhd. folgte eine Depression, als Bevölkerungsteile nach Afrika vertrieben wurden und viele der Terrassen sind aufgegeben und nie wieder bestellt worden.

<u>Situation heute</u>: Huebro ist eines der übriggebliebenen Dörfer, in denen noch auf traditionelle Art Landwirtschaft betrieben wird. Die Parzellen sind jedoch zu klein, um rentabel zu sein und so dienen sie nur dem Nebenerwerb. Wirklich rentabel ist nur die intensive Landwirtschaft.

Einige zuvor abgewanderte Leute haben dort ihren Zweitwohnsitz, die alten Getreidemühlen wurden zum Teil zu nostalgischen Touristenunterkünften umgebaut. Was noch zu sehen ist, sind die Quelle und die uralten Wasserauffangbecken, die immer noch ihre Funktion erfüllen. Und um das Dorf herum stapeln sich an den Hängen die verlassenenen Treppenterrassen.

Wäre eine Subventionierung der traditionellen Landwirtschaft nicht sinnvoll? Kostenfaktor spricht ökonomisch dagegen, da es eine arbeitsaufwendige Anbaumethode ist und Arbeitskräfte teuer sind."[7]

An dieser Situation in Huebro sieht man, wie schwierig es ist, in solchen Gegenden zu leben und zu überleben. Garcia Lorca - ein Professor an der Universität von Almeria – sagt, die Landschaft könne man nur verstehen, wenn man die unterschiedlichen Nutzungszyklen der Landwirtschaft betrachtet. Er beschreibt 4 Zyklen, die in der Landwirtschaft für Erosion sorgten:

- großflächiges Abernten von Estipa, einer Grasart, aus der Zellulose gewonnen wurde
- Bleiminen. Das Blei wurde mit Hilfe von Eichenholz geschmolzen → Abholzen großer Eichenwälder
- Weintraubenanbau → neue Terrassen in Flurnähe
- Heute: Gewächshäuser

7.1.2 Problemfeld: Touristen

Heute steigen die Zahlen der Touristen in dieser Gegend ständig weiter an, die ehemaligen Bauern vermieten ihre Häuser an. Die Touristen haben aber auch Ansprüche und wollen nicht leben, wie die einheimischen Bauern. So werden in dieser dem „Wilden Westen" ähnelnden Gegend touristische Attraktionen wie Schwimmbäder und Golfplätze gebaut. Das Problem dabei ist das Wasser, die Gegend wird beeinflusst durch heiße, trockene Winde (v.a. Scirocco, Khamsin) und liegt im Regenschatten der Sahara. Ein Golfplatz braucht die gleiche Wassermenge wie eine Kleinstadt an einem Tag. Durch den Tourismus wächst der Bedarf an Wasser in Südspanien ständig, dazu kam noch die Trockenperiode von 1990-1995, was letztendlich dazu führte, dass Spaniens Wasserverbrauch höher ist als der EU-Durchschnitt. Das Hauptproblem dieser Gegend ist also der Anspruch der Spanier und auch der Touristen.

7.2 Die Provinzhauptstadt Almeria

Wie in 6.1.1. schon angedeutet wurde, ist Andalusien eine sehr trockene Region. Die Jahresniederschläge sind selten über 600mm und gleichzeitig ist Andalusien die

---

[7] http://spanienprojekt.editthispage.com/stories/storyReader$61

heißeste Region auf der Iberischen Halbinsel. Die Niederschlagsmenge nimmt von West nach Ost hin ab. In Almeria fällt nur 215mm Jahresniederschlag (vgl. Karte 7) an 49 Niederschlagstagen. Die Sonne scheint dort im Jahresmittel 3022 Stunden lang. Wirtschaftlich bedeutsam ist die Region aber nicht durch die Extremwerte des Klimas, sondern durch den Jahresgang des Klimas. Die gesamte Region gehört zum mediterranen Klimabereich, d.h. die Sommer sind trocken und im Winter regnet es. Daher führen die kleinen Flussläufe nur im Winter Wasser, während die trockenen Flussbetten (Ramblas) im Sommer häufig als Wege dienen. Die Landwirtschaft muss sich darauf einstellen, dass im Sommer die Verdunstung höher ist als der Niederschlag. Die Hauptwachstumsperiode der Kulturpflanzen findet gerade zu dieser Zeit statt, deshalb eignen sich nur bestimmte Kulturpflanzen und Anbaumethoden für den Trockenfeldbau. Die meisten Kulturpflanzen benötigen während dem Niederschlagsdefizit im Sommer zusätzliche Wasserzufuhren (z.B. aus Grundwasservorräten oder aus größeren, ganzjährig fließenden Flüssen). Die sommerliche Regenpause allerdings ist es, die aus der ganzen Welt Badetouristen anlockt. Die extremen Sommertemperaturen werden am Meer wieder ausgeglichen und liegen in Almeria im Sommer bei 25°C. Die milden Wintertemperaturen sind nicht nur für Touristen verlockend, sondern auch für die Landwirtschaft. Es kann Beispielsweise Wintergemüse angebaut werden ohne künstliche Energiezufuhr, so dass die Produkte beste Absatzchancen für den europäischen Binnenmarkt mitbringen.

Roquetas de Mar, ein Ort in der Provinz Almeria direkt am Meer wurde 1945 auf dem Reißbrett entworfen. Als die Häuser und die Infrastruktur fertig waren, wurden die Bewohner aus den umliegenden Bergdörfern „gekauft". Expertenteams untersuchten den Boden und entwickelten ertragssichere Kombinationen von Kulturen und Boden: 10cm Dung, Mist und organische Substanzen auf 20cm Sand. Der Sand hat 2 Vorteile: er filtert das Wasser, so dass auch salzhaltigeres Wasser verwendet werden kann und er macht den Anbau im Winter durch seinen Temperaturenschutz möglich. Die Nachfrage aus Europa steigt durch die Änderung der Essgewohnheiten ständig und das machte Roquetas de Mar zu einer der reichsten Gegenden Spanien (das 2. höchste pro Kopf Einkommen von Spanien). Später kam zu der Landwirtschaft der Tourismus dazu und der Konflikt zwischen Wasser und Sand. Wo

ist das Wasser ökonomischer eingesetzt: für die Landwirtschaft oder für den Tourismus? Wie werden die Flächen verteilt? Soll der Sand für die Touristen am Strand bleiben oder für den Anbau verwendet werden? Eine Lösung wären Meerwasserentsalzungsanlagen, die den Sand bei dem Anbau überflüssig machen würden.

7.3 Das Land Valencia

Das Land Valencia besitzt Klimazüge, die denen Kataloniens ähnlich sind. Beide Gebiete zählen zur östlichen Peripherie. Der planetarische Formenwandel ist in diesem Raum sehr deutlich ausgeprägt, da er durch 4 Breitengrade geht. Die Jahresniederschläge werden je südlicher man kommt immer geringer, die Winter wärmer, die Sommer heißer, die Länge der sommerlichen Trockenzeit und damit die Zahl der ariden Monate größer. Daraus folgt natürlich, dass in Richtung Südwesten die mitteleuropäischen Pflanzen sehr schnell abnehmen. Einen entsprechenden planetarischen Wandel kann man in der Kulturvegetation feststellen: die Intensität der künstlichen Bewässerung nimmt gegen Südwesten enorm zu. Die jahreszeitlichen Temperaturgegensätze werden auf dem Festland Richtung Landesinnere sehr schnell größer (peripher-zentraler Formenwandel).

Die Jahresniederschlagshöhen liegen an der Küste und in der valencianischen Küstenebene unter 500mm, an manchen Stationen sogar unter 400mm: Valencia 480mm, Alicante 355mm. Nur an der Nordostküste des Berglandes von Alcoy haben sie unter der Fernwirkung des Gebirges höhere Werte (Gandia 737mm). In den Gebirgen und besonders im Bergland von Alcoy steigen sie bis weit über 600mm. Verglichen mit Katalonien sind die Niederschläge aber trotzdem noch relativ niedrig (→planetarischer Formenwandel). Aufgrund der Wolkenarmut ist die Zahl der jährlichen Niederschlagstage relativ gering. In Benidorm sind es nur 16 Tage im Jahr. Wenn man die Niederschlagshöhen des Landes Valencia vergleicht (s. Karte 8 Stadt Valencia), stellt man fest, dass der Sprung vom August zum September sehr groß ist. Die Herbstniederschläge werden hauptsächlich vom Balearentief durch östliche Winde gebracht. Ein weiteres Maximum lässt sich im Frühjahr ab ca. Februar bis in den Mai hinein feststellen, hinzu kommen können Gewitterregen. Ein Minimum ist im Januar festzustellen durch ein Hoch über der Halbinsel. Das hauptsächliche

Niederschlagsminimum fällt aber auf den Hochsommer, die Zahl der Trockenmonate steigt in den Gebirgen auf 3, in den Küsten oft auf 5 Monate. Der Bewölkungsgrad ist das ganze Jahr über sehr gering, so dass die Landschaft Valencia den Titel „Reino Serenisimo" (überaus heiteres Reich) erhalten hat. Entsprechend gering ist auch die Nebelhäufigkeit an der Küste. Die Januartemperaturen liegen an der Küste bei 10-12°, nehmen nach Westen und Süden in das Gebirge hinein aber stark ab. Die niedrigste Temperatur, die in der Stadt Valencia je gemessen wurde, war 1891 mit − 8°C. Schneefälle gibt es an der Küste gar nicht und im Gebirge zwei bis fünf Tage.

Die durchschnittlichen Augusttemperaturen liegen an der Küste bei 24-26°. Eine geringe Abnahme der Temperaturen ist in Richtung der Gebirge festzustellen. Die absoluten Maximaltemperaturen treten im Juli und im August ein. Höchststand des Thermometers in Valencia war im August 1911 44,2°C. Die Jahresamplitude der Monatstemperaturen nimmt also landeinwärts zu. Wenn man den Winter ab einem Temperaturdurchschnitt von <5°C rechnet, so fehlt der Winter in dieser Gegend komplett. Der Sommer mit Durchschnittstemperaturen von >15°C reicht in der Stadt Valencia von Mai bis Oktober. Folge davon ist der frühe Beginn der Mandelblüte und der Winterweizenernte. Die Küstenbereiche sind semiarid (bis zu 6 aride Monate) und die Gebirge semihumid (3-4 aride Monate).

9. Fazit

Mit einem Blick auf die Landkarte Spaniens, erkennt man, dass Spanien von 2 Klimazonen beherrscht wird – dem gemäßigten Klima im Norden und dem subtropischen Klima im Süden. Dieser Übergang der 2 Klimazonen ist fließend und verschiebt sich im Laufe der Jahreszeiten. Dies führt dazu, dass Spanien eine große Spannweite an klimatischen Merkmalen abdeckt. Die extremen klimatischen Unterschiede zwischen den Regionen führen zu regionalen Disparitäten zwischen den einzelnen Regionen. Dabei ist ein Nord-Südgefälle aufgrund der extremen Trockenheit gen Süden zu beobachten, was Landwirtschaft und Tourismus im Süden sehr teuer werden lässt. Der bestehende Abstand zum EU-Standard soll durch den 1975 gegründeten Fonds für regionale Entwicklung (EFRE) verringert werden.

9. Anhang: Kartenmaterial

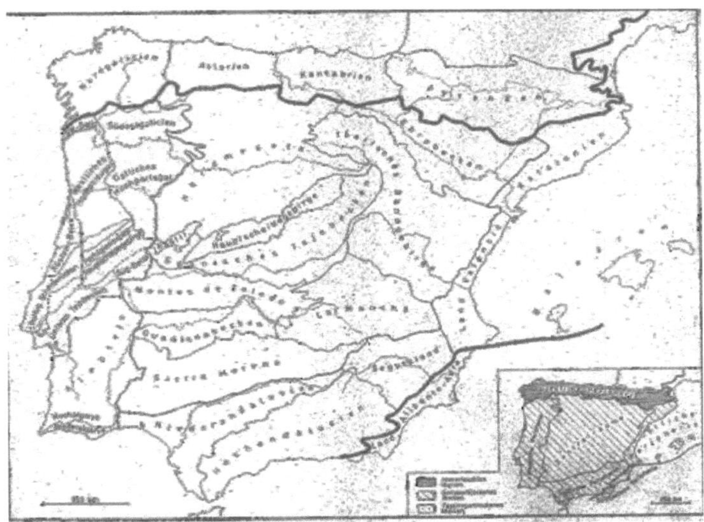

Karte 2: Die landschaftliche Gliederung der Iberischen Halbinsel (nach Lautensach)

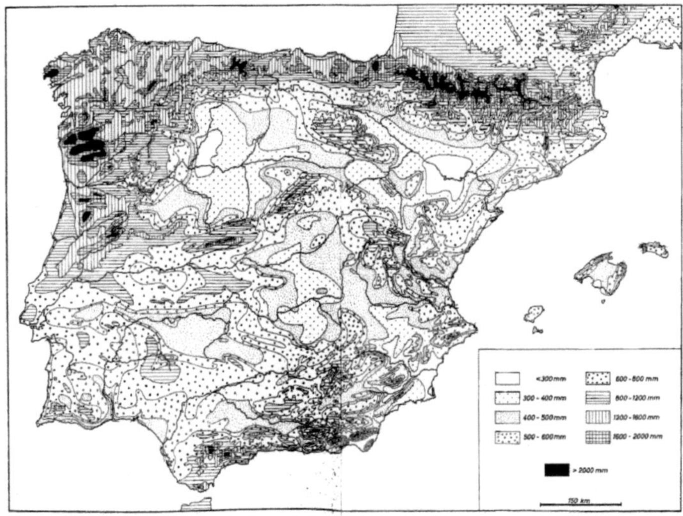

Karte 3: Jahresniederschläge (nach Lautensach)

Karte 4: Schneefall- und Schneedeckentage (nach Lautensach)

Karte 5: Klimatische Gliederung mit Landschaftsformeln (nach Lautensach)

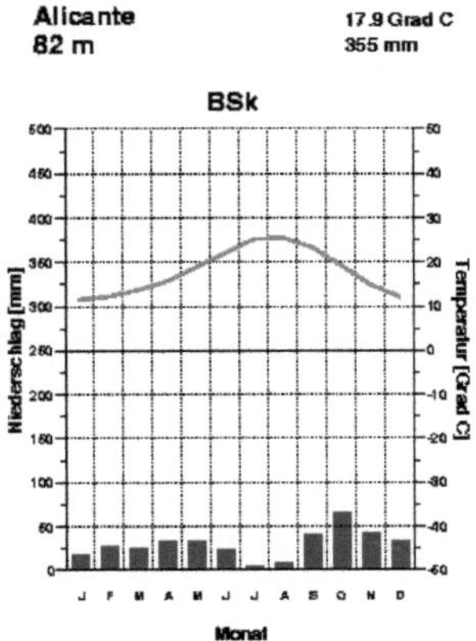

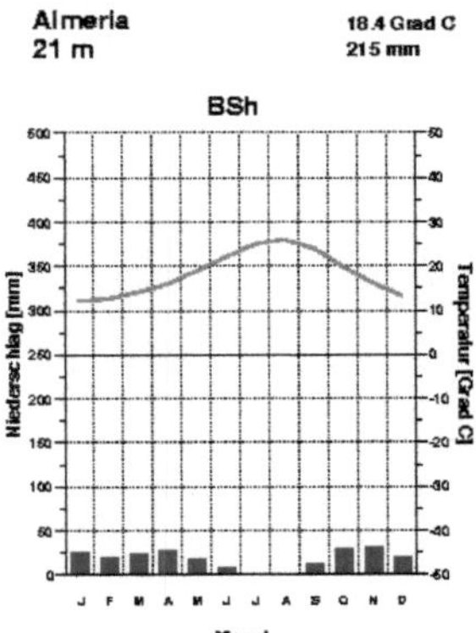

Karte 6: Klimadiagramm Alicante

Karte 7: Klimadiagramm Almeria

Quelle: www.klimadiagramme.de

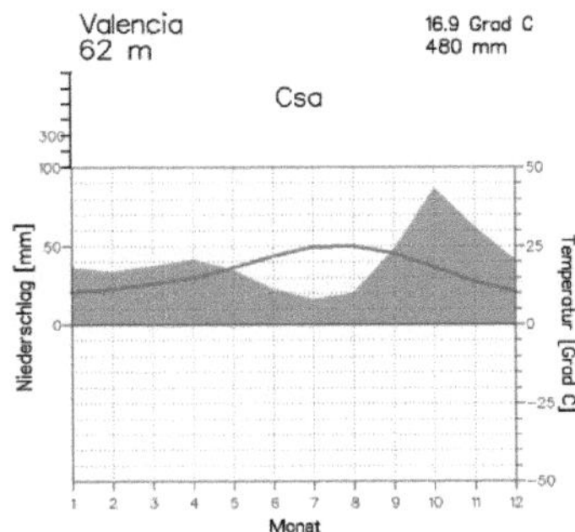

Karte 8: Klimadiagramm Valencia

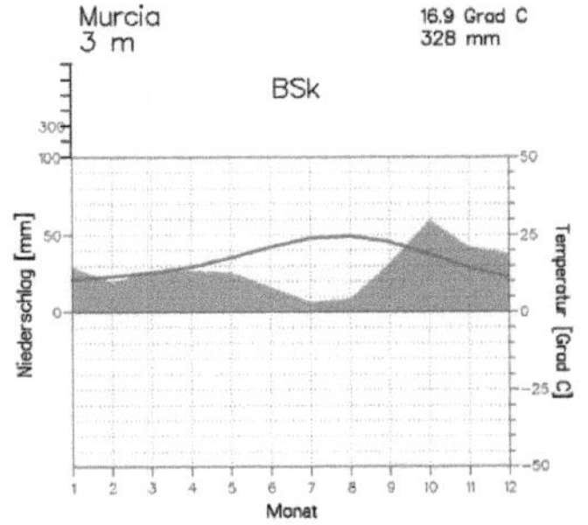

Karte 9: Klimadiagramm Murcia

10. Literaturverzeichnis:

1. Monographien und Zeitschriften:

Breuer, Toni: Andalusien / von Toni Breuer. Köln. Aulis Verlag Deubner, 1990
(Problemräume Europas; Bd. 9)

Jessen, O.: La Mancha. Ein Beitrag zur Landeskunde Neukastillens. Mitt. Geogr.
Ges. Hamburg, 1930.

Lautensach, Hermann: Der geographische Formenwandel : Studien zur Landschafts-
systematik / von Hermann Lautensach. - Bonn : Dümmler, 1952.

Lautensach, Hermann: Die Iberische Halbinsel, München, 1964.

Rother, Klaus: Mediterrane Subtropen: Mittelmeerraum, Kalifornien, Mittelchile,
Kapland, Südwest- und Südaustralien. Braunschweig: Höller und Zwick, 1984.

2. Computernetze:

Arslan, Nerthus und Knauf, Isabel: Projekt Wasserwirtschaft in Spanien der TU
Berlin. Protokoll vom 5.10.2000, in:
http://spanienprojekt.editthispage.com/stories/storyReader$61, 11.03.2003

Bischoff, Tilmann: Wasser macht Schule, in www.wasser-macht-schule.de/pub/f18-
durstige_erde/ information/seite6.htm, 11.03.2003

Mühr, Bernhard: Klimadiagramme weltweit, in:
http://www.klimadiagramme.de/Europa/spanien.html, 10.03.2003

Rother, Klaus: Der Mittelmeerraum, in: www.millennium.franken.de/fsi/html/
skripte/RotherMittelmeer.pdf, 20.20.2003

3. Kartenmaterial:

Lautensach, Hermann: Die Iberische Halbinsel. Thematischer Atlas, München, 1964.

Rother, Klaus: Der Mittelmeerraum, in: www.millennium.franken.de/fsi/html/
skripte/RotherMittelmeer.pdf, 20.20.2003